Tektonische Evolutionen
und
Revolutionen in der Erdrinde

Antrittsvorlesung
gehalten am 22. Januar 1913 in der Aula der Universität Leipzig

von

Dr. Hans Stille
o. ö. Professor an der Universität Leipzig
Direktor der Königl. Sächs. Geologischen Landesanstalt

Leipzig
Verlag von Veit & Comp.
1913

Druck von Metzger & Wittig in Leipzig.

Ew. Magnifizenz, meine Damen und Herren!

Von den geologischen Verhältnissen des deutschen Bodens gehen wir aus, wenn wir einige grundlegende Fragen der tektonischen Geologie, d. h. desjenigen Teiles der geologischen Wissenschaft, der sich mit den Lagerungsformen und Lagerungsveränderungen der Gesteinsmassen in der Erdkruste, speziell auch mit der Entstehung und dem Bau der Gebirge, beschäftigt, heute erörtern.[1])

Gewisse gesetzmäßige Zusammenhänge erkennen wir im deutschen Boden hinsichtlich der beiden bedeutsamen geologischen Vorgänge der Gesteinssedimentation und der Gebirgsbildung.

Sedimentation ist, wie die Übersetzung des Wortes sagt, Absatz, und zwar Absatz — im allgemeinen im Wasser — von lockeren Materialien, die zu Schichtgesteinen werden. Den Sedimentationsräumen, in denen dieser Absatz erfolgt, wird das zur Ablagerung kommende Material durch das rinnende Wasser, oft auch durch den Wind aus anderen Bezirken zugeführt, in denen es losgelöst worden ist. So wandert es von den Höhen zu den Tiefen, von den Abtragungs- oder Denudationsräumen zu den Ablagerungs- oder Sedimentationsräumen. Nun ist eine gewisse Permanenz ganz bestimmter Sedimentationsräume durch lange Zeiten der Erdgeschichte

---

[1]) Was ich im folgenden in ein etwas gemeinverständlicheres Gewand zu hüllen und hinsichtlich seiner Bedeutung für einige grundlegende Fragen der tektonischen Geologie auszuwerten versuche, ist teilweise schon im Compte Rendu du XIième Congrès Géologique International, Stockholm 1910, kurz veröffentlicht worden.

hindurch unverkennbar, und diese bringt mit sich, daß in solchen Räumen die Folge der Schichten, indem sich eine über der anderen häuft, zu großen Mächtigkeiten anschwillt.

Weite Teile des heutigen nordwestlichen Deutschlands nahm durch lange Perioden der Erdgeschichte ein altes Meeresbecken ein, dessen letzter Rest heute noch in der Nordsee vorhanden ist. Wir nennen diese erweiterte Nordsee der Jura-, Kreide- und Tertiärzeit das „Niederdeutsche Becken", und ihr Südrand, das sogenannte „Niedersächsische Ufer", verlief durch lange Zeiten etwa vom Nordrande des Rheinischen Schiefergebirges zur Gegend des heutigen Harzes. Das „Niederdeutsche Becken" ist entstanden durch Schrumpfung des weit größeren Beckens, in dem die jungpermischen und triadischen Sedimente sich gebildet hatten. In einer Vollständigkeit und Mächtigkeit, wie in keinem anderen Teile Deutschlands, ist im Niederdeutschen Becken seit der Dyaszeit die Folge der Sedimente abgelagert worden, und weithin beträgt ihre Mächtigkeit bis zu 7000 m.

Wie ist das zu verstehen? War ein Becken von 7000 m Tiefe vorhanden, das allmählich aufgefüllt wurde?

Diese Auffassung ist unhaltbar, denn nichts, was einem Vergleiche mit den Sedimenten der Tiefsee standhielte, ist vorhanden, vielmehr verrät die ganze gewaltige Schichtfolge, daß, abgesehen von zeitweiligen Verlandungen des Beckens, in ihm eine flache oder mitteltiefe See gewogt hat.

Nur *eine* Erklärung ist hier möglich: das Niederdeutsche Becken hat sich *in mehr oder weniger ständiger Senkung* befunden, und so konnten Sedimente gewaltiger Mächtigkeit sich bilden, und dabei doch der Zustand flacherer Wasserbedeckung lange bestehen bleiben.

Erst das kontinuierliche Sinken des Beckens erhielt zusammen mit dem weiterhin noch zu erörternden langsamen Aufsteigen der umrahmenden Bezirke durch die langen Perioden der Erdgeschichte hindurch das zur Zuführung von Sedimentationsmaterial erforderliche Gefälle zu dem Becken und damit die Sedimentationsmöglichkeit.

Was wir im Niederdeutschen Becken fanden, gilt allgemein. Sedimentationsräume sind, wie schon James Hall ausgesprochen hatte, Senkungsräume, und zwar Räume sogenannter säkulärer Senkung, wobei das Säkulum im geologischen Sinne einen gewaltigen Zeitraum umfaßt. Der Stärke des Sinkens entspricht mit gewissen Einschränkungen (siehe Anm. S. 7) die Stärke der Sedimentation, die das Sinken des Raumes gewissermaßen kompensiert, so daß trotz des Sinkens der Zustand der Flachsee gewahrt bleibt, und so können wir mit gewissen Einschränkungen aus der Stärke des Sedimentes auf die Stärke der Absenkung schließen.[1])

Die Schichten sind ursprünglich in flacher Lagerung abgesetzt worden, heute sind sie aber weithin mehr oder weniger steil aufgerichtet und zu „Falten" zusammengeschoben. Eine Unzahl von Verwerfungen zerreißt den Boden in einzelne Schollen, die an den trennenden Rissen gegeneinander verschoben sind. Alle diese Erscheinungen, zu denen die in der Erdrinde wirksamen gewaltigen Kräfte geführt haben, fallen unter den Begriff der „Tektonik" oder der „Gebirgsbildung", und die Wirkungen dieser Kräfte bleiben in den Lagerungsformen der Gesteine sicher erkennbar, auch wenn die morphologischen Gebilde, die von ihnen geschaffen wurden, z. B. die Gebirge, längst wieder beseitigt sind. Wir beschränken uns in den nachfolgenden Betrachtungen in der Hauptsache auf die „jüngere" Gebirgsbildung des deutschen Bodens, d. h. auf diejenige der sog. mesozoischen und känozoischen Zeit; als „saxonische" Gebirgsbildung ist sie deswegen bezeichnet worden, weil sie im Lande der alten Sachsen, im heutigen Niedersachsen, in besonders starkem Maße wirksam gewesen ist.

---

[1]) Einer ähnlichen Auffassung hat Munier-Chalmas (Bull. Soc. géol. de France, 1900, S. 13) bezüglich des Bartonien im Pariser Becken mit den Worten Ausdruck gegeben, „que l'épaisseur des sédiments est indépendante de la profondeur de la mer, mais est fonction de la rapidité de descente du bassin". Für landferne Teile sehr großer Sedimentationsräume trifft ein solches Verhältnis allerdings nicht mehr zu (vgl. Anmerk. zu S. 7).

Ganz allgemein finden wir folgende Beziehungen zwischen der Mächtigkeit der mesozoisch-känozoischen Sedimente und der Intensität der saxonischen Gebirgsbildung:

Wo die Sedimentation unterblieben war, unterblieben in der Folgezeit auch irgendwie erheblichere tektonische Vorgänge. Wo die Sedimente geringmächtig waren, haben wir schwache Faltungen; in denjenigen Sedimentationsräumen aber, in denen die Sedimente gewaltig angeschwollen sind, haben wir die stärksten Gebirgsbildungen. Wir dürfen beinahe sagen, daß die Stärke der Gebirgsbildung in den einzelnen Räumen des deutschen Bodens der Menge des vorher in diesen Räumen abgesetzten Sedimentes bis zu einem gewissen Grade proportional ist.

Diese im Boden Deutschlands erst neuerdings erkannten Zusammenhänge zwischen Sedimentation und Gebirgsbildung bestätigen auch für den deutschen Boden das Zutreffen eines alten Gesetzes, das als erster James Hall im Jahre 1859 in Amerika gefunden hatte:

Die Faltungszonen fallen zusammen mit den Zonen großer Mächtigkeit der Sedimente.

1875 führte dann der Amerikaner Dana den Begriff der Geosynklinale ein, d. h., wie wir wohl am besten sagen, eines in ständigem Absinken befindlichen Beckens, in dem sich die Sedimente in besonders großer Mächtigkeit zu bilden pflegen und aus dem späterhin die Gebirge aufsteigen.

Die Geosynklinale ist ein Fundamentalbegriff der tektonischen Geologie geworden, der aber mit allerlei Forderungen belastet worden ist, die in vielen Fällen erfüllt sind, die vielleicht auch gerade für die, wenn ich so sagen soll, Urtypen der Geosynklinalen zutreffen, die aber schließlich nicht das Wesen der Sache, sondern nur Nebendinge betreffen. So hat man als Charakteristikum einer echten Geosynklinale verlangt, daß ausschließlich „pelagische“ Sedimente, d. h. solche etwas größerer Meerestiefe, in ihr zur Ablagerung kommen, man hat ferner verlangt, daß die echte Geosynklinale die Form eines langen Troges besitzen muß.[1]) Aber diese Dinge haben meines Erachtens mit dem Wesen der Sache nicht viel zu tun; dieses ist getroffen und auch erschöpft, wenn wir die Geosynklinale als einen säkulär sinkenden Sedimentationsraum definieren.[2])

---

[1]) Kritische Betrachtungen über Geosynklinalen mit besonderer Bezugnahme auf die alpine Geosynklinale hat kürzlich W. Deecke („Die alpine Geosynklinale", Neues Jahrb. f. Miner. usw., Beilage-Bd. XXXIII, 1912, S. 831ff.) veröffentlicht.

[2]) Ob in einer Geosynklinale „Flachsee" oder „Tiefsee" herrscht, hängt zu einem guten Teile von dem Verhältnis der Sedimentation zur Senkung ab. Küstenfernere Gebiete größerer Geosynklinalen, die dazu vielleicht relativ stark sinken, können leicht „Tiefsee" werden und bleiben, denn die nur sehr unbedeutende Sedimentation des offenen Ozeans kann die Absenkungsbeträge nicht kompensieren, wenn wir von lokalen Ausnahmen, z. B. der schnell und entsprechend der Senkung fortschreitenden aufbauenden Tätigkeit der Korallen, absehen; dagegen wird in kleineren Becken, denen von allen Seiten Sediment zugeführt werden kann, selbst bei stärkerem Sinken der Zustand der Flachsee gewahrt bleiben. Endlich ist aber auch kein großer Schritt von einem Becken, das im Zustande der Flachsee verbleibt, indem sich Senkung und Sedimentation annähernd die Wage halten, zu einem festländischen Becken; es braucht ja nur die Mächtigkeit der Sedimentation vorübergehend den Betrag der Senkung zu übertreffen, und so können z. B. schon durch etwas verstärkte säkulare Hebung der angrenzenden Gebiete, die das Gefälle zum Becken erhöht und verstärkte Materialzufuhr zu ihm ermöglicht, oder durch etwas schwächeres Sinken des Beckens längere oder vorübergehende Verschüttungen der Geosynklinale (vgl. die Zeit des deutschen Buntsandsteins!) herbeigeführt werden. Dazu kann in verschiedenartigster Weise und jedenfalls ohne tektonische Vorgänge und ohne Hebung der Geosynklinale die Verbindung mit dem offenen Ozean verloren gehen. Somit widerspricht das Auftreten „kontinentaler" und „limnischer" Schichtserien zwischen den marinen durchaus nicht dem Wesen (siehe oben) der Geosynklinale, wie auch Haug (Bull. Soc. géol. de France, 1900, XXVIII, S. 624) unter Hinweis auf gewisse Süßwasserablagerungen tertiären Alters in jener Geosynklinale, aus der das nordamerikanische Felsengebirge aufgestiegen ist, einräumt.

Verfehlt ist m. E. in sehr vielen Fällen die in der geologischen Literatur oft genug verfolgte Methode, aus einer kontinentalen oder limnischen Fazies, die sich zwischen marine Schichten einschaltet, ja schon aus einer Fazies, die auf Ver-

Vom Auf und Ab der Massen, von der Aufwärtsbewegung und dem Einsinken großer Erdräume wird im folgenden die Rede sein. Alle diese Bezeichnungen sind zunächst relativ zu verstehen, und zwar beziehen wir sie auf den Spiegel des Ozeans. Aber dieser Pegel steht nicht fest, sondern ist selbst in einer gewissen Abwärtsbewegung im Laufe der geologischen Zeiten begriffen, wenigstens im Sinne der Kontraktionstheorie, die alle tektonischen Vorgänge in der Erde auf die Schrumpfung des Erdkörpers infolge seiner ständig fortschreitenden Abkühlung zurückführt.

Die Zusammenhänge zwischen Geosynklinalen und Gebirgen sind augenscheinlich. Wir wollen das Wesen dieser Zusammenhänge nun näher untersuchen und dabei wiederum von den Verhältnissen des deutschen Bodens ausgehen. Er hat zwar bisher keine Rolle gespielt in der wissenschaftlichen Diskussion über die Geosynklinalen, aber nachdem sich gezeigt hat, daß auch in ihm die Faltung dem Hall-Danaschen Grundgesetze unterliegt, scheint es geraten, auch hier die Frage der Geosynklinalen einmal zu verfolgen. Ich möchte das schon deswegen tun, weil es kaum ein anderes Land gibt, das in bezug auf den Stand seiner geologischen Erforschung sich unserem Vaterlande an die Seite stellen könnte, und weil somit hier besonders zuverlässige Unterlagen für geotektonische Betrachtungen gegeben sind. Wir verdanken das nicht zum wenigsten den Arbeiten der deutschen geologischen Landesanstalten, deren Hauptaufgabe die Aufnahme einer geologischen Karte großen Maßstabes ist. Die geologische Karte ist der Ausdruck der Erforschung eines Landes, so sagt man mit Recht, und gemessen an diesem Maßstabe ist kaum ein Land besser erforscht als gerade Sachsen, dank der 40jährigen unermüdlichen Arbeit meines Herrn Amtsvorgängers und seiner Mitarbeiter. Es wird lange Zeit vergehen, bis das, was Hermann

---

flachung des Meeres hinweist, ohne weiteres auf eine Hebung des Bodens zu schließen. Solche Fazieswechsel sind nach obigen Ausführungen auch beim Fortgange der Senkung zwanglos erklärbar, und auf die Senkung weist oft genug schon die erhebliche Mächtigkeit der „limnischen" usw. Schichten hin.

Credner in dem nunmehr das ganze Königreich umfassenden Kartenwerke geschaffen hat, speziell hinsichtlich seiner Vollständigkeit einmal seinesgleichen finden wird.

Wir zerlegen nun die Gesamtheit der im Boden Deutschlands erkennbaren tektonischen Vorgänge nach der Zeitlichkeit ihres Eintretens, soweit die in das Gestein geschriebene Überlieferung dazu ausreicht, und finden, daß die jüngere deutsche Gebirgsbildung, die saxonische, sich nicht, wie man noch bis vor 10 Jahren ganz allgemein annahm und auch heute noch hier und da in den Lehrbüchern der Geologie und Geographie lesen kann, in einem einzigen Akte in der jüngeren Tertiärzeit vollzogen hat, sondern daß sie in mehreren Phasen verlaufen ist, die wir zeitlich ziemlich genau fixieren können. Wir untersuchen, wieviel der im Boden insgesamt nachweisbaren tektonischen Effekte auf Kosten dieser, wieviel auf Kosten jener Phase zu setzen ist, und gewinnen dadurch ein Bild von der Bedeutung der einzelnen tektonischen Phasen in der Geschichte der Vorzeit. Nicht unbedeutende Verschiedenheiten finden wir in dem Sinne, daß hier die eine, dort eine andere Phase der Gebirgsbildung in besonderem Maße wirksam war.

Als Beispiel wählen wir die Geschichte des Niederdeutschen Beckens, wie wir sie aus der Struktur der niedersächsischen Berge, des Harzes, des Teutoburger Waldes, des Solling und seiner Vorberge, der Hügelketten bei Hannover usw., sowie aus Hunderten und Aberhunderten von Tiefbohrungen, die im nordwestdeutschen Tieflande gestoßen worden sind, herauslesen.

Wir lassen die Bilder der Vergangenheit an unserem Auge vorüberziehen und sehen miteinander abwechseln

Wannenbildung, d. h. Bildung und Fortbildung der Geosynklinalen, und

Gebirgsbildung.

Dabei ist mit der Wannenbildung die Sedimentation verknüpft; sie geht durch lange Perioden fort, während die Gebirgsbildung auf kurze episodische Unterbrechung der Wannenbildung hinauskommt. Bei der Wannenbildung sinkt der Boden der Wanne ein, aber keine Tiefsee entsteht, der Zustand der Flachsee bleibt gewahrt, denn in dem Maße, wie der Boden sinkt, wird Sediment nachgefüllt. Bei der Gebirgsbildung steigen die gesunkenen Massen wieder auf, und wo gestern noch die Sedimentationswanne lag, findet sich heute ein Gebirgsland, dessen Schichten durch eine Unzahl von Verwerfungen zerrissen und gegeneinander verschoben sind. Dabei sind, — das ist im Boden Deutschlands, wenigstens in einigen Fällen, unverkennbar und wohl nicht ohne Bedeutung in der Anwendung auf andere und größere Wannen der Erde, — die Gebirgketten oft in der Hauptsache an die Randzonen der alten Becken gebunden; ganz erfüllt von stärkeren Falten sind die Wannen nur bei kleinerer Ausdehnung, d. h. wenn so ziemlich alle ihre Teile eben „Randzone" sind. Daß unter Umständen auf weite Erstreckung Schichtfolgen großer Mächtigkeit ziemlich ungestört bleiben, erklärt sich damit leicht in solchen Fällen, in denen es sich um innere Teile größerer Becken handelt, in deren Randzone sich die erheblichen Faltungen abgespielt haben; und wenn gesagt wurde, daß die Stärke der Faltung eines Sedimentationsraumes der Mächtigkeit des in ihm abgesetzten Sedimentes einigermaßen entspricht, so ist dabei der Sedimentationsraum als Ganzes ins Auge zu fassen.

Dasjenige, was sich, ganz bestimmten Gesetzen unterliegend, im Laufe langer geologischer Zeiträume mehr oder weniger ständig fortbildet, bezeichne ich als die tektonische Evolution des Bodens. Das aber, was episodisch eintritt, was die Evolution unterbricht und, wenn auch nur vorübergehend, eine völlige Umwälzung der Verhältnisse schafft, das ist tektonische Erdrevolution. In diesem Sinne fällt die Wannenbildung unter die Evolution, die Gebirgsbildung unter die Revolutionen des Bodens.

Die Art der Gebirgsbildung, die sich episodisch in den Wannen ereignet, ist nun durchaus bedingt durch die vorangegangene Evolution der Sedimentationswannen. Daß die Gebirgsbildung um so stärker ist, je mächtiger die Sedimentation jeweilig erfolgt war, d. h. je tiefer die Wanne sich eingesenkt hatte, haben wir schon gesehen, aber auch die Richtung der Falten und viele Einzelheiten in ihrer Ausgestaltung sind durch die Verhältnisse der Wanne, aus der sie aufsteigen, speziell durch deren Kontur, bestimmt.

Das geht so weit, daß man umgekehrt aus der Richtung alter Falten auf die Richtung alter Senkzonen, alter Meeresverbindungen, mit gewisser Vorsicht schließen kann. So glaube ich, in nordnordöstlich gerichteten Falten, die in einer ganz bestimmten Zone den Untergrund der Lüneburger Heide durchziehen und sich durch Verfolgung von Tiefbohrungen und anderer bergmännischer Aufschlüsse enthüllt haben, posthume Wegweiser alter Meeresverbindungen zu erkennen, die in einzelnen Perioden der jüngeren mesozoischen Zeit von Deutschland nach Rußland führten und von dort her die Einwanderung gewisser Faunen ermöglichten.[1])

Daß die Gebirgsketten, zu denen die episodischen Erdrevolutionen im Boden Deutschlands geführt haben, keineswegs von geringer Höhe gewesen sind, ergibt sich schon daraus, daß Verschiebungen der Schichten um Tausende von Metern ihre sicheren Spuren hinterlassen haben.

Aber trotzdem waren die Gebirgsketten nur von kurzem Bestande; sie waren nur ephemere Erscheinungen in der langen geologischen Vergangenheit.

Das mag ein Beispiel zeigen. Das Meer reichte im Niederdeutschen Becken im Ausgange der Juraformation nach Süden bis zum „Niedersächsischen Ufer", und bis zur gleichen Linie reichte auch das Meer der Neokomzeit; aber in der kurzen Zwischzeit zwischen dem Jura und dem Neokom waren dort, wo vorher und nachher das Meer flutete, gewaltige Gebirgsketten entstanden und wieder vergangen.

Die Erklärung scheint nicht schwierig, wenn wir die Sedimente jener Zeiten reden lassen. Wir finden nämlich, daß gleich nach der Faltung die Sedimentation wieder beginnt, und zwar zunächst etwas nördlich der in Westfalen mit der Faltung entstandenen

---

[1]) Der Untergrund der Lüneburger Heide usw. 4. Jahresber. d. Niedersächs. geol. Ver. f. 1911, S. 285.

Gebirgsketten; daß sie aber schnell nach Süden vorrückt und bald auch das Gebiet der Ketten, die inzwischen eingeebnet waren, ergreift. Die mächtige und kontinuierliche Sedimentation verkündet uns aber das Einsinken des Untergrundes:

Die Faltung war eine Aufwärtsbewegung des Bodens, aber sie war nur die Erscheinung einer relativ kurzen Episode, und kaum ist sie geschehen, da setzt in dem alten Geosynklinalbezirke die Evolution im alten Sinne, d. h. die Abwärtsbewegung des Bodens, der nun die Gebirgsketten trägt, wieder ein, so daß das von Norden vordringende Meer seinen Angriff gegen ein schon sinkendes Gebirge richten und über dessen Bezirk hinweg bald wieder seine Herrschaft ausdehnen kann.

F. v. Richthofen hat darauf hingewiesen, daß die zerstörende Tätigkeit des Meeres, die Abrasion, mit deren Hilfe das Meer neue Gebiete erobert, in größerem Umfange nur bei sinkenden Küsten möglich ist. Daran werden wir erinnert, wenn wir ganze Gebirgszüge in geologischer Vergangenheit in relativ kurzer Zeit verschwinden und das Meer ihre Stelle wieder einnehmen sehen.

Auf sinkender Unterlage erhoben sich die stolzen Gebirgsketten; sie sind nicht allein durch die Kräfte der Abtragung, wie wir sie heute am Bau der Alpen nagen sehen, denudiert, sondern sie sind teilweise auch versunken. Das Einsinken des Bodens, das in der Entstehung der Geosynklinalen die Gebirge vorbereitet hatte, gräbt ihnen auch wieder das Grab.

So wird es meines Erachtens erklärlich, daß so manches Gebirge der geologischen Vergangenheit in relativ kurzer Zeit erscheint und verschwindet.

In einer Periode, die weit zurückliegt gegenüber den Verhältnissen, die wir eben betrachtet haben, in der jüngeren Silurzeit, entsteht in Nordeuropa ein Hochgebirge gewaltigster Abmessungen. In Irland, Schottland und Skandinavien finden wir seine Spuren, und aus den Lagerungsformen der Gesteine gewinnen wir eine Vorstellung, um welch riesigen Gebirgsbau es sich gehandelt hat; nach Schottland, dem alten Caledonien, benennt man ihn das Caledonische Gebirge. Der Silurzeit folgt die Devonzeit, und in früher Devonzeit ist das Hochgebirge weithin wieder eingeebnet und unter neuen Sedimenten verschwunden.

Nicht viel anders ergeht es dem zweiten großen Faltengebirgszuge, der in der Steinkohlenperiode entsteht und südlich der Region des alten caledonischen Gebirges, d. h., speziell in Mitteleuropa, — auch hier, wo wir stehen, — seinen Platz hatte. Als Variscisches Gebirge hat es E. Sueß nach dem Lande der Variscer, dem Vogtlande, bezeichnet. Die Hauptfaltung liegt etwa in der Mitte der Steinkohlenperiode, nachdem schon im Ausgange der Devonzeit eine Vorphase der Faltung eingetreten war. Der Steinkohlenperiode folgt die Zeit der Dyas. Und trotzdem sich die Faltung am Ausgange der Steinkohlenperiode und in der ersten Hälfte der Dyaszeit wiederholt, flutet schon wieder in der zweiten Hälfte der Dyaszeit das von Nordrußland vordringende Zechsteinmeer in Mitteldeutschland über den eingeebneten und, wie wir nun sagen, versunkenen Stümpfen des variscischen Gebirges dahin.

Dauerland und Wechselland finden wir nebeneinander. Dauerland ist das, was mehr oder weniger ständig Land bleibt, über das nur ausnahmsweise einmal das Meer hinüberflutet und auch dann nur relativ geringmächtige Sedimente hinterläßt; Dauerland sind die großen Landschwellen zwischen den Geosynklinalen. Die Geosynklinalbezirke sind — wenigstens in weiteren Teilen — Wechselland, bald sinkende Räume, in denen das Meer durch lange Perioden der Erdgeschichte wogt, bald aufragendes Gebirgsland, — und der Zyklus der Erscheinungen in der Geschichte des Niederdeutschen Beckens oder doch weiter Teile desselben kommt in diesem Sinne hinaus auf den Wechsel von

Senkung und Sedimentation,
Faltung,
Einebnung und Versinken der Falten,
Senkung und Sedimentation,
Faltung,
Einebnung und Versinken der Falten usw.

Wir fahren fort in dem, was uns der deutsche Boden lehrt.

Die Gebirge einer bestimmten „revolutionären" Phase sind wieder verschwunden, das Meer nimmt die Stelle ein, wo sie aufgeragt hatten, die „Evolution" nimmt im alten Sinne ihren Fortgang durch lange Zeiten.

Die Gebirgsbildung wiederholt sich. Wie aber die Gebirgsbildung überhaupt durch vorangegangene Sedimentation vorbereitet sein muß, so muß anscheinend jede Phase der Gebirgsbildung erneut vorbereitet werden. Die Evolution des Bodens muß die Plätze erst reif oder wieder reif machen, damit die Erdrevolutionen in ihnen eine Stätte finden können.

Etwas Selbstverständliches sind unter diesem Gesichtspunkte gewisse Gegensätze in der Bedeutung der einzelnen tektonischen Phasen des Bodens in verschiedenen Erdzonen jeweilig verschiedener „Reife".

Sind die Verhältnisse, die wir als vorbereitend für die Gebirgsbildung kennen gelernt haben, nicht in ausreichender Weise eingetreten oder haben sie sich nicht in ausreichender Weise nach einer tektonischen Phase erneuert, so unterbleibt bzw. erstirbt die Gebirgsbildung. Auf letztere Weise kann Wechselland zu Dauerland werden.

Der größte Teil des deutschen Bodens ist heute „Dauerland". „Wechselland" haben wir anscheinend noch in gewissen Bezirken des Norddeutschen Flachlandes, und wenn dort das Meer nicht flutet, so liegt das in der Hauptsache daran, daß in der Eiszeit hier die Sedimente vom Eise und dessen Schmelzwässern so mächtig aufgeschüttet sind, daß der bisherige Betrag der Absenkung noch nicht genügt hat, um alles wieder unter Wasser zu bringen. Man denke sich aber die Sedimente der Eiszeit fort, und ein gewaltiges Vorgreifen der Nord- und Ostsee nach Süden, z. B. über Berlin und in der Lüneburger Heide über Celle hinaus, würde sich ergeben. Vor der Eiszeit war hier Festland; aber in und seit jener Zeit sind die erheblichen Senkungen eingetreten, die in der Lage der Unterkante des Diluviums tief unter dem heutigen Meeresspiegel zum Ausdrucke kommen.

Wir verfolgen in der Geschichte des deutschen Bodens, wie die große Geosynklinale der mesozoischen Zeit, das Becken der deutschen Trias, sich verkleinert, wie als Teil der ehemals größeren Sedimentationswanne dann das Niederdeutsche Becken fortbesteht und wie endlich aus positiven und negativen Schwankungen der Wasserbedeckung des Niederdeutschen Beckens die Nordsee in ihrer heutigen südlichen Umrandung hervorgeht. Im Zusammenhange mit dieser Schrumpfung des Beckens wandern aber auch die Stätten der Gebirgsbildung, oder wenigstens die Hauptfaltungszonen, nordwärts, hinaus aus den Gebieten, die inzwischen „Dauerland" geworden waren und keine oder nur noch wenig neue Sedimente empfangen hatten. So sind endlich in der jungtertiären Phase der saxonischen Gebirgsbildung, die nach neueren Feststellungen in den Ausgang der Miozänzeit oder gar in die ältere Pliozänzeit verlegt werden muß, die Bewegungen des Bodens in Mitteldeutschland und auch noch in Südhannover nicht mehr von sehr erheblicher Bedeutung, dagegen von gewaltigem Ausmaße in Nordhannover, wo die Senkung des Bodens und die Sedimentation seit der nächstälteren („alttertiären") Phase der Gebirgsbildung noch sehr erheblichen Fortgang genommen hatten.[1])

Die Verhältnisse des deutschen Bodens lassen erkennen und bestätigen damit alte Erfahrungen, die in anderen Gebieten gemacht worden sind, daß die Gebirgsbildungen, die in denselben Räumen einander folgen, posthum zu sein pflegen, d. h., daß bei einer jüngeren Erdrevolution der Bewegungssinn eines älteren Bewegungsvorganges, — auf solche kommt ja die ganze Gebirgsbildung hinaus —, fortgesetzt wird. So bedeutet z. B. in Mitteldeutschland die jungtertiäre Phase der saxonischen Faltung (s. oben) nur den neuen Anstrich eines alten Erdgebäudes; lange genug hat man sich aber durch den neuen Anstrich täuschen lassen und das ganze Gebäude für neu gehalten.

Die Posthumität der einzelnen Phasen der Gebirgsbildung steht

[1]) 4. Jahresber. d. Niedersächs. geol. Ver. 1911, S. 274.

aber in ursächlichem Zusammenhange damit, daß nach den Faltungsphasen die Evolution des Bodens wieder ihren alten Plan aufnahm. Blieben sich in diesem Sinne die bedingenden Verhältnisse ähnlich, so mußten auch die durch sie bedingten tektonischen Erscheinungen im großen und ganzen ähnlich ausfallen.

Wir haben nur einzelne der Zusammenhänge erörtern können, die zwischen den Erscheinungen der Sedimentation und der Faltung aus den geologischen Verhältnissen Deutschlands leicht ersichtlich sind, und nun fragen wir:

Was ist der tiefere Grund derartiger gesetzmäßiger Zusammenhänge?

Wir fragen zunächst:

Was verursacht das Einsinken der Sedimentationswannen?

Die Lehrbücher der geologischen und geographischen Wissenschaft antworten uns heute meist mit derjenigen Auffassung, die schon James Hall vertreten hatte: Die Geosynklinalen sinken unter der Last der sich in ihnen häufenden Sedimente, d. h. mit anderen Worten:

Die Sedimentation ist die Ursache der Senkung.

Schon Dana war zu anderer Ansicht gekommen: nach ihm sind die Geosynklinalen durch seitlichen Druck entstanden und als Tiefenräume wurden sie zu den Stätten der Sedimentation. Das heißt mit anderen Worten:

Die Senkung ist die Ursache der Sedimentation.

Im Sinne Halls haben wir erst Sedimentation, dann Senkung, im Sinne Danas erst Senkung, dann Sedimentation.

Wir gehen aus von den Dauerländern, den alten Kontinentalschwellen, die zwischen den sinkenden Räumen liegen. Wie verhalten sich diese während der Bildung der Geosynklinalen?

Sie sind die Lieferanten einer großen Menge des Sedimentes, das den Geosynklinalen zugeführt wird. Sie können aber diese Rolle durch die langen geologischen Zeiten hindurch nur bewahren, ohne dem Meeresspiegel gleichgemacht und damit der Möglichkeit weiterer

Abtragung und weiterer Gesteinslieferung nach den Geosynklinalen, beraubt zu werden, weil sie sich in ähnlicher Weise in ständiger Aufwärtsbewegung befinden, wie die Sedimentationswannen ständig sinken, und weil damit immer neue Massen in die Denudationssphäre gerückt werden. Die Aufwärtsbewegung erhält ihnen die Denudationsmöglichkeit, wie das Absinken der Geosynklinalen diesen die Sedimentationsmöglichkeit bewahrt.

Aber auf das Wie des Aufsteigens scheint es anzukommen. Steigen die alten Massen auf als starre Tafeln oder wölben sie sich auf nach der Art eines flachen geologischen Sattels? Gewisse einfache Erscheinungen entlang Küstenlinien der geologischen Vorzeit sprechen entschieden für letzteres. Aber auch heute noch können wir die Aufwölbung einer jener alten Massen, die einen Rahmen unserer saxonischen Faltung abgegeben haben, unmittelbar beobachten. Auch die heutigen Bewegungen in der Erdkruste sind schließlich der Fortgang der seit Jahrmillionen erkennbaren tektonischen Evolution. Auch heute noch sinkt das Niederdeutsche Becken, wie die sinkenden Küsten der Nordsee und des südwestlichen Teiles der Ostsee beweisen, auch heute noch steigt sein nördlicher Rahmen auf, und das ist jene alte Masse, die Skandinavien und Finnland umfaßt und die man kurz als „Fennoskandia" bezeichnet. Sie ist weithin vom Meere umspült, weithin greift das Meer mit flachen Becken, dem Bottnischen und Finnischen Busen, in sie ein, und leicht erkennbar sind an alten Strandwällen und Brandungslinien, die heute hoch über dem Meere liegen, die Verschiebungen, die Fennoskandia in junger Zeit erfahren hat und auch heute noch erfährt.

Diese lehren uns, daß Fennoskandia nicht aufsteigt als starre Platte, sondern sich aufwölbt aus der Tiefe, und zwar, wie die Untersuchungen der skandinavischen Geologen, namentlich diejenigen de Geers, gezeigt haben, in Form eines Schildes, dessen Achse etwa mit der Wasserscheide zwischen Schweden und Norwegen zusammenfällt. Wie nach Osten und Westen, so sinkt dieser Schild aber auch nach Süden ein. Im südlichsten Schweden, in

Schonen, ist die Lage des Landes zum Ostseespiegel seit der Eiszeit annähernd konstant. Doch je weiter wir nordwärts entlang der schwedischen Küste gehen, desto stärker hat sich das Land gehoben, und noch heute gehen nach zuverlässigen Messungen die Hebungen fort, und zwar immer noch schwächer im Süden, stärker im Norden. So haben wir Hebung im Norden, Stillstand in Schonen, Sinken im Süden, im Gebiete der deutschen Küsten.

Ein Beispiel aus der jüngsten Geschichte der Erde hat uns gezeigt, wie der konkaven Einwölbung der Geosynklinalen die konvexe Aufwölbung der Festlandsschwellen[1]) entspricht. Das Ganze ist

[1]) Vorübergehendes Sinken der Küstenzonen kann an und für sich nichts gegen eine gewisse Beständigkeit der Aufwärtsbewegung der inneren Teile eines Kontinentalgebietes beweisen, vielmehr ist aus den nachfolgenden Betrachtungen leicht ersichtlich, daß sehr wohl die Küstenzonen aufsteigender und im Aufsteigen verbleibender Festlandsschwellen vorübergehend oder auch durch längere Zeiten sinken können. In diesem Sinne darf man auch nicht, wie das so oft geschieht, aus dem Wechsel einer positiven oder negativen Oszillation in einer Küstenzone ohne weiteres auf einen Wechsel im Sinken oder Aufsteigen des ganzen Landes schließen.

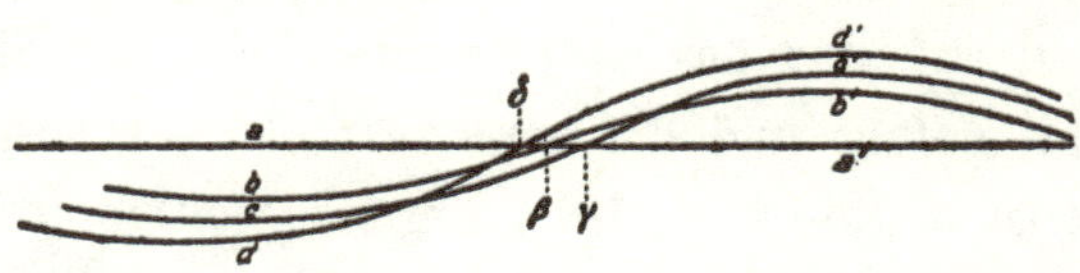

„Evolutionsumkehrungen“ im Randbezirke einer Geosynklinale und einer Kontinentalschwelle.

In der Geosynklinale (siehe Skizze) durchläuft ein Gestein die Lagen *a*, *b*, *c*, *d*, während in der aufsteigenden Kontinentalschwelle das Gestein, das ursprünglich bei *a'* lag, die Punkte *b'*, *c'*, *d'* erreichen würde, wenn wir die ständige Denudation der aufsteigenden Schwelle als nicht eintretend annehmen würden. Somit haben wir das typische Bild einer ständig sich vertiefenden Geosynklinale und eines ständig aufsteigenden Kontinentalfeldes, und doch kommen, indem sich der Punkt relativer Ruhe zwischen dem aufsteigenden Wellenberge und dem absteigenden Wellentale ein wenig seitwärts verlegt, — von β nach γ und dann von γ nach δ —, an der Küste der Kontinentalschwelle negative und positive Verlegungen der Grenzlinie zwischen Meer und Land zustande, die in den Faziesverhältnissen und in lückenhafter Ausbildung der Schichten entlang der Festlandsschwelle oder bei jugendlichen Verhältnissen z. B. in aufsteigenden oder

ein Wellenwurf großer Spannweite, der den Boden in flache und sehr weite Wellen legt. Die sinkenden Sedimentationsräume sind die Wellentäler, die aufsteigenden Festlandssphären sind die Wellenberge.

„ertrunkenen" Tälern zum Ausdrucke kommen können; diese Oszillationen bedeuten aber wenig in dem Gesamtbilde des „epirogenetischen" Wellenwurfes großer Spannweite. Die Kontinentalschwelle verbleibt auch in der Zeit zwischen der Lage $b \beta b'$, und $c \gamma c'$ im Aufsteigen, trotzdem ein Sinken ihrer Küstenregion zu verzeichnen ist. Solche Überlegungen mahnen zur Vorsicht bei der Beurteilung der Bewegung ganzer Festlandsgebiete auf Grund der Verhältnisse an ihren Küsten. Es handelt sich hier also um Oszillationen der Strandlinie, die keineswegs in allgemeineren Verhältnissen, etwa in „eustatischen" Bewegungen der Wasserhülle im Sinne von E. Süß, auch nicht in den Bewegungen ganzer Kontinente, begründet, sondern von lokaler Ursache und an schmälere Küstenstreifen gebunden sind.

Hier können sehr leicht vorübergehende oder längere „Evolutionsumkehrungen" zustande kommen, während abseits von einer solchen Zone zeitweiliger Evolutionsumkehrungen die Gleichsinnigkeit der Evolution ein Charakteristikum sowohl der Kontinentalsphären (Aufsteigen!), wie auch der Geosynklinalgebiete (Sinken!) zu sein scheint und im allgemeinen nur durch episodische Revolutionen der Bewegungssinn in den Geosynklinalbezirken eine vorübergehende Änderung erfährt.

Durch solche lokale Evolutionsverkehrungen scheint mir z. B. die „Regression" erklärbar, die das Fehlen des Korallenooliths entlang dem Nordrande der Rheinischen Masse im Gebiete des heutigen Osning zur Folge hatte, wie auch die nachfolgende „Transgression" zur Kimmeridge-Portland-Zeit; durch sie scheinen ferner die mehrfachen Schwankungen des Liasmeeres in seiner Randzone zwischen der Rheinischen Masse und dem Harze, die Th. Brandes (Neues Jahrb. f. Mineral. usw. Beilagen-Bd. XXXIII, S. 235ff.) neuerdings beschrieben hat und bei denen es teilweise zur Entstehung flacher Inseln gekommen ist, ungezwungen eine teilweise Deutung zu finden, wenn auch etwas zweites, nämlich der sich in jenem Gebiete vergitternde epirogenetische Faltenwurf in zweierlei (herzynischem und rheinischem) Sinne hinzukommt, wobei bald der eine, bald der andere Bewegungssinn etwas vorwiegt. Endlich werden sich in manchen Fällen die Verzahnungen mariner und terrestrer Formationsentwicklungen entlang alten Kontinentalrändern durch lokale „Evolutionsumschläge" zwangloser erklären lassen, als durch oszillatorisches An- und Absteigen des ozeanischen Spiegels; dabei denke ich z. B. an den im Oberkarbon der Karnischen Alpen am Nordrande der damaligen „Thetys" nachweisbaren vielfachen Wechsel pflanzenführender Grauwacken mit marinen Fusulinenkalken.

Dieser sich mehr oder weniger ständig fortbildende Wellenwurf großer Spannweite ist eben die tektonische „Evolution“ des Bodens.

Im Sinne dieser Evolution geht das Sinken der Geosynklinalen auf seitlichen Druck zurück, wie schon Dana angenommen hatte, und nicht wird es im Sinne von James Hall durch die Sedimentation herbeigeführt. Kennen wir doch sinkende, und zwar wie die Korallenbauten uns zeigen, relativ stark sinkende große ozeanische Becken, in denen die geringe Sedimentation sicherlich nicht die Ursache der Senkung sein kann (vgl. Anmerkung Seite 7).

E. Haug[1]), der unsere Wissenschaft mit besonders wertvollen Arbeiten über Geosynklinalen und Festlandsschwellen beschenkt hat, hatte erkannt, daß das Aufsteigen der Kontinentalfelder und das Einsinken der Geosynklinalen zeitlich zusammenfallende Erscheinungen, aber solche mit umgekehrtem Vorzeichen, sind und daraus auf einen ursächlichen Zusammenhang geschlossen. Liegen nun, so fragt er, die „mouvements primordiaux“ in den Kontinentalfeldern oder liegen sie in den Geosynklinalen? Nicht das eine und nicht das andere trifft zu, möchte ich antworten. Das Aufsteigen der einen, das Absinken der anderen Bezirke stehen nicht zueinander im Verhältnis von Ursache und Wirkung, sondern beides schafft die Evolution des Bodens gleichberechtigt nebeneinander.

Marcel Bertrand[2]) hatte die Auffassung vertreten, daß die Fortbildung der Geosynklinalen zwar auf der Zuführung der Sedimente beruht, daß ihre erste Anlage aber durch eine Unterlagerung der Geosynklinalbezirke durch Massen von höherer spezifischer Schwere zu erklären sei, die den darüber befindlichen Raum in die Tiefe ziehen. Für diese Auffassung könnte auf den ersten Blick die allgemeinere Erfahrung der Schwereuntersuchungen sprechen, daß unter den ozeanischen Tiefen ein Massenüberschuß gegenüber dem Massendefizit weiter Gebiete des aufragenden Landes und speziell

---

[1]) E. Haug, Les Géosynclinaux et les Aires continentales, Bull. Soc. géol. d. France, 1900, Bd. XXVIII, S. 709 u. 710.

[2]) Marcel Bertrand, Essaie d'une théorie mécanique de la formation des montagnes. Comptes Rendus Acad. d. Sciences. Bd. CXXX. Paris 1900. S. 291.

des Gebirgslandes vorhanden ist. Aber es sind, wie die geologische Vergangenheit lehrt, oft genug „aufragendes Land“ und „Meeresbecken“ einander folgende Zustände desselben Erdraumes, und ziehen wir aus der heutigen Schwereverteilung in der Erdkruste die Analogieschlüsse auf die Schwereverteilung in früheren geologischen Perioden, so kommen wir mit Notwendigkeit zu der Auffassung, daß unter denselben Gebieten abwechselnd Massenüberschuß (sinkendes Sedimentationsbecken) und Massendefizit (Gebirgsland) geherrscht hat. Können somit Massenüberschuß und Massendefizit einander folgende Zustände eines und desselben Senkungs- und Faltungsbezirkes sein, so kann auch nicht die Art des Materials, sondern nur die mit der Lagerungsform zusammenhängende größere oder geringere Zusammenpressung den einen oder anderen Zustand begründen, und damit fällt m. E. die Berechtigung, mit Marcel Bertrand unter den Geosynklinalen spezifisch schwere Massen zur Einleitung des Senkungsvorganges anzunehmen.[1]) Ganz im Sinne der durch Anwendung der Erfahrungen über die heutige Schwereverteilung auf die Bilder der Vorzeit gewonnenen Auffassung, daß das Aufsteigen der Gebirge mit einer Lockerung der Massen verbunden ist und diese das Schweredefizit unter den Gebirgen bedingt, während bei Abwärtsbewegung der Becken die Massen zusammengepreßt werden und dadurch Schwereüberschuß entsteht, haben sich von Triulzi[2]) und Deecke[3]) ausgesprochen.

---

[1]) Nach Marcel Bertrand weichen zwar die schweren Massen der Tiefe vor dem Faltungsprozesse, diesen einleitend, seitwärts aus; aber wie ist dann im Sinne von Marcel Bertrand zu erklären, daß sich das Sinken der aufgefalteten und nun ihrer schweren Unterlage beraubten Bezirke von neuem einleitet?

[2]) Relative Schwerebestimmungen durch Pendelbeobachtungen, ausgeführt durch die K. u. K. Kriegsmarine 1892—94, herausgegeben vom K. K. Reichs-Kriegsministerium, Marine-Sektion, Wien 1895.

[3]) W. Deecke, Erdmagnetismus und Schwere in ihrem Zusammenhange mit dem geologischen Bau von Pommern und dessen Nachbargebieten. Neues Jahrbuch, Beil.-Bd. XXII, 1906, Seite 114ff.

W. Deecke, Der geologische Bau der Apenninenhalbinsel und die Schweremessungen. Neues Jahrbuch, Festband 1907. Seite 129ff.

Das Einsinken der Sedimentationsräume und das Aufsteigen der Festlandsschwellen klingt fort in jenen jüngsten Verschiebungen des Landfesten gegenüber der Wasserfülle, die man in der geologischen Wissenschaft mit Sartorius v. Waltershausen als die „kontinentalen" bezeichnet. E. Sueß hat früher im „Antlitz der Erde" in Abrede gestellt, daß kontinentale Aufwärtsbewegungen überhaupt möglich wären, aber das Vorhandensein solcher haben die fortschreitenden Feststellungen über junge Strandbewegungen ergeben.

Zu einer anderen Frage nehmen wir Stellung.

Warum sind die Faltungserscheinungen in der Hauptsache an die Bezirke der alten Geosynklinalen gebunden?

Verschiedene Meinungen sind geäußert worden, und in der Hauptsache gehen sie dahin, daß gewisse Spannungen, die sich in der Geosynklinale mit ihrer Fortbildung allmählich entwickeln, schließlich in Falten ihren Ausgleich finden müssen. Die tektonische Evolution des Bodens ruft in diesem Sinne die Erdrevolutionen hervor, und indem die Ursache der Faltung in der einzelnen Geosynklinale liegt, ist sie mehr lokaler Art.

Aber Faltungen sind keine lokalen, sondern universelle Erscheinungen und ereignen sich mehr oder weniger gleichzeitig selbst in weit auseinanderliegenden Wannen der Erde; gleichzeitig entstehen z. B. die Hochgebirge der oberkarbonischen Zeit in Süd- und Nordamerika, in Nordafrika, Europa und Asien. So können uns auch lokale Ursachen der Faltung und speziell des Zusammenfallens der Faltungsräume mit alten Geosynklinalen nicht befriedigen, vielmehr muß die Ursache universeller Art sein.

Faltung ist Zusammenschub der Gesteine auf engeren Raum; auf ein Sechstel seiner ursprünglichen Ausdehnung ist nach neuerer Berechnung der Streifen der Erdrinde zusammengeschoben, innerhalb dessen die Gesteine der Glarner Alpen sich gebildet haben; auf ein Zehntel ihrer einstigen Entfernung sind die Gesteine einander genähert, die heute am Nord- und Südportale des Simplontunnels stehen. Dem Zusammenschube setzen die Gesteine nun sehr verschiedenen Widerstand entgegen. Die starren Massen lassen sich kaum falten, aber in um so höherem Maße haben bei erforderlich werdendem Zusammenschube eines größeren Erdstückes, das starre Massive und Geosynklinalen umschließt, die im allgemeinen noch nicht gefalteten und leichter komprimablen Gesteine der Geosynklinalen die Lasten des Zusammenschubs zu tragen. Sie werden gefaltet, weil sie eben in besonderem Maße noch faltbar sind. Der geringe Zusammenschub der starren Massen wird gewissermaßen kompensiert durch den starken Zusammenschub der Geosynklinalen.

„Stabile" und „mobile" Zonen der Erdrinde hat Haug[1]) unterschieden. „Stabil" sind die starren Dauerländer, „mobil" die Räume, in denen abwechselnd Sedimentation und Gebirgsbildung ihren Platz hat. Beide Arten von Räumen sind Wellen desselben großen Wellenwurfes, die einen die Wellenberge, die anderen die Wellentäler; stabil oder mobil werden sie erst mit dem Fortschreiten der Denudation auf den Wellenbergen, der Sedimentation in den Wellentälern, d. h. infolge der an die tektonische Evolution des Bodens sich mit Notwendigkeit anschließenden umtransportierenden Wirkungen des rinnenden Wassers und anderer exogener Kräfte. Indem sich in den Wellentälern das leicht komprimable und faltbare Sediment häuft, ergeben sich die vorgebildeten Plätze, in denen sich in der nächsten revolutionären Phase des Bodens die tektonischen Kräfte so recht betätigen können; indem es in den Massiven zwischen den Geosynklinalen nicht zur Bildung neuer und noch ungefalteter Gesteine kommt, indem vielmehr die hier mit der Aufwölbung einigermaßen schritthaltende Abtragung die Zusammensetzung aus festgefügten, aus der Tiefe sich langsam aufwölbenden Massen erhält, werden die Bezirke geschaffen, an deren Starrheit die starken Kraftäußerungen der episodischen Erdrevolutionen zerschellen.

Man wende dagegen nicht ein, daß Gesteine von gleicher Starrheit, wie sie den bei der saxonischen Gebirgsbildung nicht gefalteten

---

[1]) A. a. O., S. 630 u. 632.

Massiven zukommt, z. B. in den Alpen inmitten des komplizierten Faltenbaues dieses Gebirges auftauchen und von den gebirgsbildenden Vorgängen in erheblicher Weise mitbetroffen sind. Nicht auf den heutigen Zustand jener Alpengesteine kommt es an, sondern auf denjenigen zur Zeit der Faltung. Damals lagen die heute starren Massen unter mächtigen Sedimenten, die jetzt zwar meist beseitigt sind, und der Druck dieser Sedimente und die höhere Temperatur, die der damaligen Tiefe entsprach, brachten sie in einen beweglicheren (plastischeren) Zustand, der natürlich in dem Maße verloren ging, wie sie durch die Faltung hoch bewegt wurden und das deckende Gestein der Abtragung unterlag.

Die Geosynklinale verursacht nicht die Faltung, sondern in ihr äußert sie sich nur auf von außerhalb kommenden Impuls.

Wannenbildung ist schwacher, Gebirgsbildung ist hochgradig verstärkter Zusammenschub der Erdmassen auf engeren Raum.

Wir haben in der Geschichte der Erde lange Zeiten schwacher, aber kontinuierlicher Kompression großer Erdbezirke infolge schwachen, aber kontinuierlichen seitlichen Druckes; das sind die („epirogenetischen") Zeiten der tektonischen Evolution, die Zeiten der „Undation", d. h. der Entstehung der Erdwellen größter Spannweite.

Wir haben episodische Drucksteigerung und episodische Unterbrechung der Wannenbildung durch die Gebirgsbildung; das sind die episodischen Erdrevolutionen, während deren sich die „Undulationen" des Bodens ereignen.

Wie zur Zeit der Wannenbildung, d. h. in den evolutionären Perioden, der Boden der Geosynklinalen einsinkt, so rufen die episodischen Revolutionen eine völlige Umwälzung in dem Sinne hervor, daß das Gesunkene wieder aufwärts bewegt wird. Wir brauchen nur wieder in die Geologie des deutschen Bodens hineinzusehen, um den Wechsel im Auf und Ab der Gebilde der Geosynklinalbezirke zu erkennen. Das „Ab" der evolutionären Zeiten bezeugt uns die mächtige Sedimentation, das „Auf" der revolutionären Episoden ergibt sich daraus, daß Gebilde, die vor einer Phase der Faltung tief versenkt unter jüngerem Sedimente, tief unter dem Pegel des Ozeans lagen, nach dieser Phase den ozeanischen Spiegel überragen.

Indem die Kompression größerer Erdbezirke in den Phasen der Faltung in der Hauptsache auf Kosten der alten Sedimentationswannen erfolgt, werden die Kontinentalsphären einander genähert. Das führt zu dem alten Bilde Élie de Beaumonts, daß „wie zwischen Schraubstöcken" die Faltenzüge erzeugt werden, d. h. daß nicht unter einseitigem, sondern unter zweiseitigem oder gar mehrseitigem Drucke die Becken standen, als aus ihnen die Gebirge aufstiegen. Wenigstens führen die Verhältnisse Mittel- und Norddeutschlands zu einer solchen Auffassung hinsichtlich der saxonischen Faltung[1]), und daß in anderen Fällen ein stichhaltiger Gegenbeweis gegen eine Faltung unter zweiseitigem Drucke aus der Zusammensetzung der Gebirge aus einseitig überkippten, überfalteten und überschobenen

---

[1]) Zwar ist im Anschlusse an E. Süß (Entstehung der Alpen. Wien 1875) vielfach die Auffassung vertreten worden, daß einseitiger Druck aus Süden (bzw. Südwesten oder Südosten) die jungen Falten des deutschen Bodens geschaffen hat, und für beweisend gilt in diesem Sinne das südliche Einfallen gewisser großer Überschiebungsflächen. Wie allerdings das alte Gebirge des Harzes, gleich der Buntsandsteinformation des Benther Berges bei Hannover und z. B. auch dem Buntsandstein in der Fortsetzung des Salzgitterer Höhenzuges bei Osterlinde, nach Norden über jüngere Schichten hinüberbewegt ist, so ist andererseits der Nordflügel des Osning gleich dem Kerne des Ahlsburgsattels im Sollinggebiete nach Süden auf jüngere Schichten aufgeschoben, so finden wir anderen Ortes entlang nördlich gerichteten Ketten Überschiebungen mit östlichem und solche mit westlichem Einfallen. Eine Gesetzmäßigkeit hinsichtlich einer bestimmten Richtung der Überschiebungen ist nicht erkennbar; die bei der Faltung „gesunkenen" bzw. weniger gehobenen Flügel sind oft überfaltet und überschoben, und ihre Lage bestimmt das Einfallen der Überschiebungen. Ein sprechendes Beispiel dafür ist der Leinetalsattel in Südhannover. Südlich von Alfeld ist der Westflügel gesunken und der Ostflügel auf ihn überschoben, während nördlich von Alfeld der Ostflügel gesunken und der Westflügel über ihn weggeschoben ist. Es legt sich der Rand des Harzes über sein gesunkenes nördliches Vorland, während der Überschiebung des Osning durch den sinkenden Südflügel des Osningsattels ihre Richtung vorgezeichnet war.

Gesteinsmassen entnommen werden müßte, kann kaum zugegeben werden; alles das erklärt sich leicht z. B. unter Annahme einer etwas tieferen Lage oder eines gewissen Sinkens der einen Backe des Schraubstockes, die somit erst in gewisser Tiefe anfaßte, und über die nun die Falten teilweise hinüberbewegt wurden, ja förmlich hinübergequollen sein können. Dabei ist durchaus nicht nötig, daß die Backe von vornherein tiefer lag. Ist doch Faltung eine Aufwärtsbewegung des Sedimentationsbeckens gegenüber seinem Rahmen und daher mit einer relativen Abwärtsbewegung des Rahmens gegenüber dem sich weithin, und speziell in der Randzone, faltenden Beckeninhalte verbunden, und kann oder muß gar schon dadurch bei stärkerer Faltung der Zustand erreicht werden, daß die Falten sich hoch über das Niveau des Rahmens erheben und in der Richtung auf diesen sich überlegen.

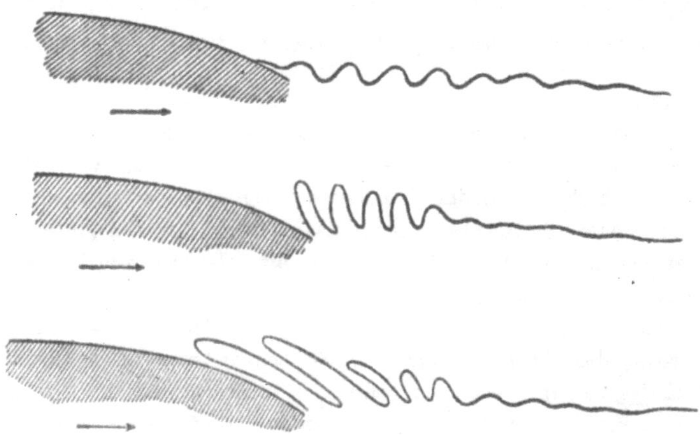

In einer Geosynklinale hoch aufsteigende Falten werden übergelegt in der Richtung auf die den Rahmen der Geosynklinale bildende Festlandsschwelle. Der Faltungsdruck geht nicht von der Geosynklinale aus, wie aus der Richtung der Falten vielleicht geschlossen werden könnte, sondern — wenn auch nur mittelbar — von den Festlandsschwellen, den „Backen" des „Schraubstockes". Die „Gegenbacke" liegt erst in erheblicher Entfernung.

Daß nun, wie schon gesagt wurde, die Falten in vielen Fällen nahe den Rändern der alten Becken, d. h. nahe den Backen des Schraubstockes, am stärksten sind, erklärt sich dadurch, daß der von diesen Backen wenigstens mittelbar ausgehende Druck sich nach dem Inneren des Beckens mit Zunahme der Reibungswiderstände verschwächt. Die Falten können sogar ausschließlich auf die Randzonen beschränkt bleiben, indem schon hier der für das gesamte Becken erforderliche Betrag des Zusammenschubes erzielt wird. Somit können sehr wohl in einem „Becken starker Faltung" die Schichten weithin flache oder ziemlich flache Lage beibehalten (vgl. S. 10).

Die „kimmerischen" und jüngeren Ketten des Egge-Osning-Bogens[1]), die im heutigen Westfalen die Nordostecke und den Nordrand der Rheinischen Masse umgürten und deren Fortsetzung entlang der Rheinischen Masse durch Holland zu den Cleveland-Hills in Südengland van Waterschoot van der Gracht[2]) verfolgt hat, sind ein Beispiel der Vorzeit für das auch heute oft zu beobachtende Verhältnis, daß die Kettengebirge am Rande eines größeren Beckens sich an ein altes Massiv anschmiegen; es sei vergleichsweise verwiesen auf die Lage der südamerikanischen Kordilleren zur Brasilischen Masse. Die „Gegenbacke" des Schraubstockes liegt in solchen Fällen natürlich oft erst in weiter Ferne, im Falle des Egge-Osning-Bodens z. B. erst in der Skandinavischen Masse.

Die eben gegebenen Ausführungen über die Randketten alter und junger Becken kommen darauf hinaus, daß die Kräfte, die das Aufsteigen der Gebirge in der Randzone der Becken bewirken, von den alten Massen, wenn auch nur mittelbar[3]), ausgegangen

---

[1]) Der Egge-Osning-Bogen umfaßt ein System im großen und ganzen herzynisch gerichteter Ketten, wobei der heutige Osning (nördlicher Teutoburger Wald) die nördliche Randkette ist, während die südlicheren Ketten sich im Vorlande des Eggegebirges zu erkennen geben, im weiteren Fortstreichen aber durch die transgredierende Kreide des Beckens von Münster verhüllt und erst jenseits dieses Beckens wieder angedeutet sind.

[2]) Jaarverslag d. Ryksopsporing van Delftstoffen over 1910. Amsterdam 1910.

[3]) Wie diese Verhältnisse sich im Sinne der Kontraktionstheorie darstellen, wird in einem demnächst in den Monatsberichten d. deutsch. geolog. Gesellschaft erscheinenden Aufsatze behandelt.

sind, und stehen in Gegensatz zu der oft geäußerten Auffassung, daß der von dem sinkenden Troge gegen die festländische Scholle ausgeübte Druck die randlichen Teile des Meeresbodens zusammenschob, die Falten aufstaute und diese gegen die alten Massen preßte. Nach letzterer Auffassung müßten doch auch bei der Kontinuität des Sinkens der Tröge die Faltungen mehr oder weniger kontinuierliche und nicht episodische Erscheinungen sein.

Die tektonischen Erdevolutionen weisen, indem sie die sinkenden Räume schaffen, als solche erhalten und ausgestalten, den Erdrevolutionen ihre Wege und bedingen ihre Erscheinungsformen. Die Faltungen mußten in ihren Hauptzügen sozusagen ausfallen, wie sie sind, nachdem die Evolution des Bodens ihren jeweiligen Weg genommen hatte; sie waren vorgezeichnet, ehe sie da waren. Wir sehen aber die Werke der Erdrevolutionen, die Gebirge, nicht nur kommen, sondern auch wieder vergehen, und wieder ist's der Fortgang der alten Evolution des Bodens, der die Gebirge versinken läßt. Von neuem in Erscheinung tritt der Gegensatz der aufsteigenden und sinkenden großen Bezirke, und dieser Gegensatz ist das fundamentale im Aufbau des Bodens, das wiederkehrt, wenn es auch durch erdrevolutionäre Vorgänge verwischt war. Nur eine Neuorientierung der die Evolutionen des Bodens bedingenden Kräfte kann Änderungen bringen, und ein solcher Fall ist immerhin selten in der Geschichte der Erde erkennbar.

Der Wellenwurf großer Spannweite, die Evolution, liefert uns somit den eigentlichen Rohbau des Bodens, und ihm gegenüber sind die Schöpfungen der episodischen Revolutionen, d. h. die Falten und die aus diesen aufgebauten Gebirge der Geosynklinalbezirke, vergängliches Beiwerk; so ist am vergänglichsten dasjenige, was uns am gewaltigsten dünkt. Das haben wir herausgelesen aus den uns überkommenen Lagerungsverhältnissen der Gesteine im Boden Deutschlands, — und das hat allgemeinere Gültigkeit, wenn sich auch in Einzelheiten die Verhältnisse etwas modifizieren können (vgl. z. B. die Anm. auf S. 18). Wir lassen uns durch den Schein nicht täuschen und unterscheiden im Rahmen unserer Festländer, indem wir die seit Jahrmillionen befolgten Gesetze der tektonischen Evolution des Bodens nicht als heute erledigt ansehen können, scharf das, was zwar gewaltig in der Form, aber doch dem Untergange geweiht ist, und das, was viel anspruchsloser sich gibt, aber dafür geblieben ist und bleiben wird in der Erscheinungen Flucht, solange nicht die Evolution des Bodens den seit undenklichen Zeiten bereits gewahrten Sinn ändert. Gebilde letzterer Art sind z. B. die Podolische Platte im Vorlande der Karpathen, die Rheinische und Böhmische Masse in den deutschen Mittelgebirgen, Fennoskandia im Norden. Zwar trägt auch Fennoskandia ein Hochgebirge, wenn auch ein bescheideneres, gemessen an den Höhenverhältnissen der Alpen; aber genetisch hat dieses nichts mit den Gebilden der Geosynklinalen gemein. Mit der ständigen Aufwölbung der Dauerländer hält ihre Abtragung, wie wir sahen, einigermaßen Schritt. Aber es kann schließlich auch einmal so kommen, daß die Abtragung die Aufwölbung nicht ganz kompensieren kann, und nur so läßt sich meines Erachtens das skandinavische Hochgebirge erklären. Es ist nicht das Ergebnis einer jener episodischen Revolutionen der Erdgeschichte, die z. B. die Alpen geschaffen haben, sondern es verdankt seine Existenz der im Rahmen der Evolutionen des Bodens sich vollziehenden säkulären Aufwölbung einer großen Kuppel, der die modellierenden Kräfte der Denudation ihren heutigen Formenschatz gegeben haben. Es ist, wenn ich in dem heute verfolgten Bilde verbleiben darf, ein Evolutionsgebirge gegenüber solchen Gebirgen, die durch eigentliche Faltung entstehen. Was an Faltungserscheinungen in Skandinavien nachweisbar ist, geht zurück auf die alte caledonische Faltung und auf noch ältere tektonische Vorgänge und hat nichts zu tun mit der Existenz des heutigen skandinavischen Hochgebirges.

Aus gewissen Beobachtungen in den Haupttälern der Alpen hat Albert Heim[1]) den Wahrscheinlichkeitsschluß gezogen, „daß der

[1]) Geologie der Hochalpen zwischen Reuß und Rhein. Beitr. z. geol. Karte der Schweiz. 25. Lieferung. 1891. S. 476ff.

Alpenkörper, nachdem er hochgestaut und von Tälern durchfurcht worden war, sich als ein mechanisches Ganzes nachher wieder gesenkt hat, und zwar um etwa 300 bis 400 m im Gebiete der Nordrandzone, um über 600 m im Gebiete der Südrandzone der Zentralalpen".

Allgemeiner schließt dann Heim, „daß häufig der Stauung eines Gebirges als Schlußphase der Gebirgsdislokation eine Senkung nachfolgt".

Mit diesen Feststellungen des großen Alpenforschers decken sich die Erfahrungen über das Sinken der durch die saxonische Faltung auf deutschem Boden geschaffenen Ketten nach ihrer Auffaltung, nur kann ich das Sinken nicht als die „Schlußphase" der Gebirgsdislokation deuten, sondern als die Wiederaufnahme der Evolution im alten Sinne, die auch vor der Faltung den Boden der Geosynklinalen einsinken ließ.[1]) Die jugendliche Senkung der Alpen hört etwa 30 bis 40 km außerhalb des Eozänrandes auf, wie Heim festgestellt hat; in ähnlicher Weise wird nicht allzufern vom Südrande der Ketten des Egge-Osning-Bogens, die wir nach ihrer Auffaltung im Ausgange der Jurazeit bald wieder versinken sahen, der von Norden in den sinkenden Raum eindringenden Transgression Halt geboten, weil dort das sinkende Land aufhört.

Heim erklärt nun das Sinken der Alpen durch ihr Gewicht, durch eine Überlastung des sie tragenden Streifens der Erdrinde durch die über ihm aufgestauten Gesteinsmassen. Aber im Norddeutschen Becken sinken nach den Faltungsphasen nicht nur die-

---

[1]) Ausnahmen von der Regel, daß die Wiederaufnahme der Evolution in ihrem alten Sinne zu einem Einsinken der Faltengebirge führt, sind in den Fällen zeitweiliger „Evolutionsumkehrungen" (vgl. Anm. zu S. 18) immerhin denkbar. Wie überhaupt in den Randzonen der Geosynklinalbezirke und der Kontinentalschwellen „Evolutionsumkehrungen" eintreten können, so sind solche natürlich auch dann nicht ausgeschlossen, wenn die Randzone Gebirgsketten trägt. An derartige Verhältnisse könnte man vielleicht bei der Erklärung des jugendlichen Aufsteigens der südamerikanischen Kordilleren denken. Die gewaltigen Abmessungen des dabei in Frage kommenden Kontinental- und Geosynklinalbezirkes (Brasilische Masse und Pacifisches Becken) erklären ausreichend die recht erhebliche Breite dieser Zone der „Evolutionsumkehrung".

jenigen Teile, über denen Ketten aufgetürmt waren, sondern das ganze Becken kommt wieder in Abwärtsbewegung, wie der mächtige Fortgang der Sedimentation auch für die ungefaltet gebliebenen Teile des Beckens beweist. So liegt wohl auch nicht im Gewichte der Ketten, d. h. in speziellen Verhältnissen dieser, die Ursache der Senkung, sondern in solchen Verhältnissen, die das Becken in seiner Gesamtheit betreffen, im Fortgange oder der Wiederaufnahme der Evolution nach der episodischen Erdrevolution, der die Ketten ihre vorübergehende Existenz verdankten. So möchte ich die beiden Heimschen Bewegungsakte: 1. „Faltung durch Horizontaldislokation" und 2. „Einsenkung durch das Gewicht" auf Grund der Feststellungen im Niederdeutschen Becken etwas abändern in 1. Faltung durch Horizontaldislokation, 2. Einsenkung infolge Wiederaufnahme der Evolution in ihrem alten Sinne, d. h. der Beckenbildung.

Widerstehen auch, wie wir sahen, die starreren Gesteine der Festlandsschwellen dem starken Drucke der episodischen tektonischen Phasen des Bodens in erheblichem Maße, so erleiden sie doch, gleich den Gesteinen der Geosynklinalen, langsame Verbiegungen unter dem schwächeren, aber kontinuierlichen Drucke der langen evolutionären Zeiten. Das hier zum Ausdruck kommende Prinzip, daß der Faktor Zeit die Starrheit solcher Gesteine, die sich bei mehr plötzlichen Deformationsversuchen spröde verhalten, überwindet, läßt sich im kleinen an einem einfachen Experimente zeigen. Steinsalz ist relativ spröde, wenigstens bei gewöhnlichem Druck und gewöhnlicher Temperatur, und doch biegt sich ein an seinen Enden unterstütztes Steinsalzstäbchen unter einer gewissen Belastung allmählich durch, wenn ihm nur die nötige Zeit gelassen wird.[1]) Das Stäbchen verhält sich dabei ähnlich den Gesteinen der Massive in den evolutionären Zeiten

[1]) Vergl. Milch, Zeitschrift der Deutschen Geologischen Gesellschaft für 1912, Monatsberichte Seite 430.

der Erdgeschichte; gewissermaßen in den faltbaren Zustand der Gesteine der Geosynklinalen kommt es, wie die Experimente von Kick, Rinne und Milch gezeigt haben, durch allseitigen stärkeren Druck oder durch Erhöhung der Temperatur. Dann erreicht das Salz denjenigen Grad der inneren Beweglichkeit, der uns die überraschenden Faltungsformen im Salzgebirge unter dem zunächst für die großen Bezirke der Erde oben erläuterten Prinzipe verständlich macht, daß die Intensität der Faltungserscheinungen bis zu einem gewissen Grade proportional ist der Faltbarkeit. So eilen unter dem Faltungsdrucke an gewissen Linien („geologischen Achsen"), an denen die Faltung zu einer allgemeineren Hochbewegung der Gesteinsmassen des Untergrundes führt, gerade die hochgradig faltbaren Salzmassen den übrigen Schichten u. U. weit voraus und gelangen zwischen viel jüngere Gesteine, tief unter denen sie vor der Faltung ihren Platz hatten.

Metzger & Wittig in Leipzig.

www.ingramcontent.com/pod-product-compliance
Lightning Source LLC
LaVergne TN
LVHW091733021026
849161LV00003BB/599